Discovery Education 探索·科学百科（中阶）

2级C1 海岸生物

中国少年儿童科学普及阅读文库

探索·科学百科 ™ 中阶

海岸生物

探索·科学百科
TANSUO
KEXUEBAIKE
中国少年儿童科学普及阅读文库
2级C1
探索·科学百科

[澳]大卫·史蒂芬斯⊙著
雷栗(学乐·译言)⊙译

Discovery
EDUCATION ™

全国优秀出版社
全国百佳图书出版单位
广东教育出版社 掌乐

广东省版权局著作权合同登记号

图字：19-2011-097号

本书原由 Weldon Owen Pty Ltd 以书名 *DISCOVERY EDUCATION SERIES · By the Water's Edge*（ISBN 978-1-74252-172-5）出版，经由北京学乐图书有限公司取得中文简体字版权，授权广东教育出版社仅在中国内地出版发行。

图书在版编目（CIP）数据

Discovery Education探索·科学百科. 中阶. 2级. C1，海岸生物/ [澳]大卫·史蒂芬斯著；雷栗（学乐·译言）译. — 广州：广东教育出版社, 2014. 1

（中国少年儿童科学普及阅读文库）

ISBN 978-7-5406-9311-4

Ⅰ.①D… Ⅱ.①大… ②雷… Ⅲ.①科学知识－科普读物 ②海岸－海洋生物－少儿读物 Ⅳ.①Z228.1 ②Q178.531-49

中国版本图书馆 CIP 数据核字(2012)第153062号

Discovery Education探索·科学百科（中阶）
2级C1 海岸生物

著 [澳]大卫·史蒂芬斯　　译 雷栗（学乐·译言）

责任编辑 张宏宇　李　玲　丘雪莹　　助理编辑 蔡利超　于银丽　　装帧设计 李开福　袁　尹

出版 广东教育出版社
　　地址：广州市环市东路472号12-15楼　邮编：510075　网址：http://www.gjs.cn
经销 广东新华发行集团股份有限公司　　印刷 北京顺诚彩色印刷有限公司
开本 170毫米×220毫米　16开　　印张 2　　字数 25.5千字
版次 2016年5月第1版　第2次印刷　　装别 平装

ISBN 978-7-5406-9311-4　　定价 8.00元

内容及质量服务 广东教育出版社 北京综合出版中心
　　电话 010-68910906 68910806　网址 http://www.scholarjoy.com
质量监督电话 010-68910906 020-87613102　购书咨询电话 020-87621848 010-68910906

目录 | Contents

海岸线

无论海洋与陆地在何方相会，浪涛、洋流和潮汐在狂风暴雨的作用下，都在共同塑造着海岸线。巨大的风浪冲刷着海岸，带走了大量的泥沙，而海平面的上升又淹没了大片的土地，这一切都是因为全球气候变暖。诸多因素共同促进海岸线发生着变化。

十二使徒岩

石灰岩堆积形成的海蚀柱，有些甚至高达46米，造就了南澳洲壮阔的海岸线。

海岸线地形

海浪和海潮将岩石构筑的海岸线切成各种海岸线地形。诸如：峭壁、海洋山洞、海洋拱门和海蚀柱。洋流席卷着沙子形成了沙洲、海峡和海滩。

三角洲

在河口处由来自于河流上游的泥沙淤积形成的扇形平原。

泻湖

由窄长的沙坝将海洋分隔开形成的海滨浅湾。

沙颈岬

将岛屿与大陆连接起来的一个沙洲或沙嘴，能减缓海浪对海岸的冲刷。

障壁岛

由两个进潮口之间的沙堆积成的沙带。

海蚀柱的形成

海蚀柱的形成最初始于海角的尖端或悬崖峭壁的边缘。后来海浪不断冲刷海角或峭壁的基部便形成了海蚀柱。

海蚀洞

汹涌的浪涛猛击着峭壁，长期如此，便鬼斧神工般凿出了一个巨大的海洋山洞。

海蚀拱

气势汹汹的浪涛终于把海洋山洞凿穿，在海角上形成了一道拱门。

海蚀柱

拱门的顶部最终抵不住巨浪的冲刷，落入海中，形成了海蚀柱。

海峡

洋流减慢，泥沙淤积便形成了海峡。

喷水孔

喷水孔是由于海蚀洞的顶部坍塌而形成的。

海蚀柱

海岸受海浪侵蚀、崩坍而形成的与岸分离的岩柱。

海滩

海浪洗刷海岸岩石形成泥沙，海潮和海浪席卷泥沙而形成的平缓地面。

海蚀洞

浪涛洗刷峭壁的下部，形成山洞。

海风
海风吹过大洋，将海水朝同一个方向推动。

海浪
风的吹动造成海水的循环波动。

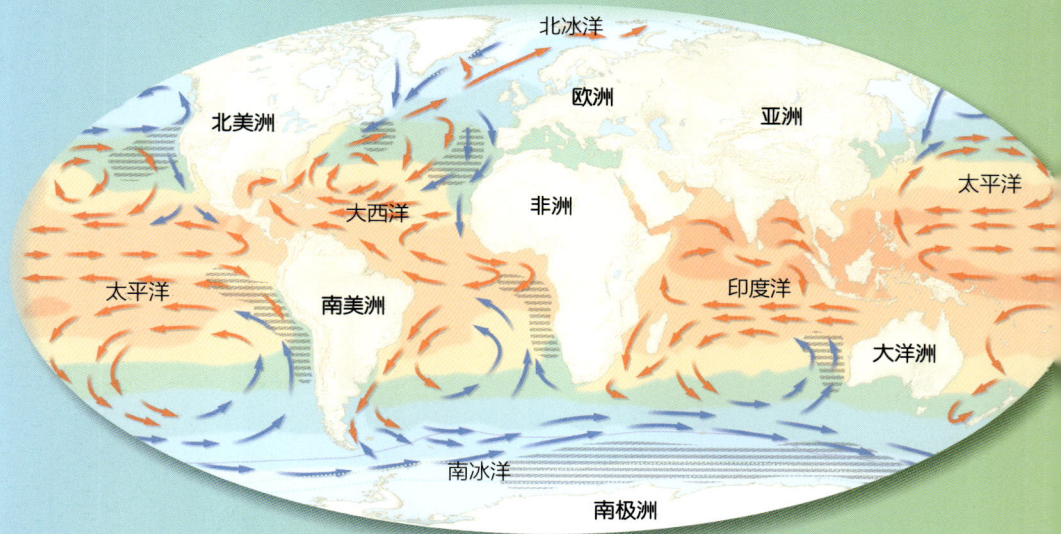

北冰洋

欧洲

亚洲

北美洲

太平洋

大西洋

非洲

太平洋

南美洲

印度洋

大洋洲

南冰洋

南极洲

海浪、海潮和洋流

地球表面 70% 以上的面积被海洋覆盖——海洋中的水是运动的。地球自转一周需要 24 小时。来自于太阳、月亮的引力吸引地球两面（向月面和背月面）的水，从而形成了每天的高潮和低潮。地球的自转伴随着风吹动海洋表面形成了洋流。海潮、风和洋流共同作用形成了海浪。

碎波带
海浪到达浅水区后，速度减缓，前后浪相互碰撞造成海浪破碎。

海岸线

浪花
海水的涌动使海浪升高，到达波峰后向前翻倒。

海浪的运动
风推动着水朝同一个方向运动形成了海浪。海浪的大小取决于风力大小和水被风推动的距离。

洋流
洋流在北半球是顺时针方向流，在南半球是逆时针方向流。洋流可以帮助平衡全球的气温。

注释
- ☐ 大于30℃
- ☐ 25~30℃
- ☐ 20~25℃
- ☐ 15~20℃
- ☐ 10~15℃
- ☐ 5~10℃
- ☐ 低于5℃
- ☐ 上升流
- ⋯ 夏季浮冰限制
- ⋯ 冬季浮冰限制
- ➡ 暖流
- ➡ 冷流
- — 南极锋区

海潮

太阳、月亮和地球三者之间的相互引力导致了地球向月面或是背月面的海水隆起。

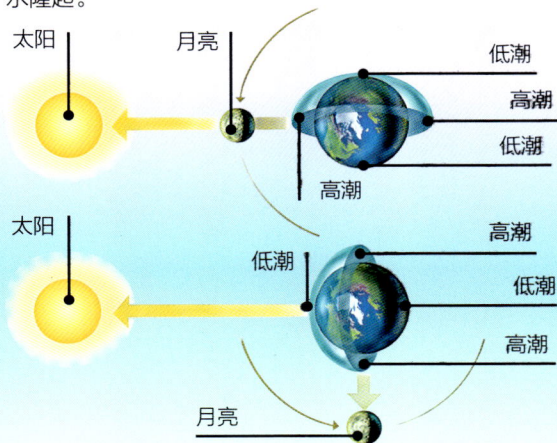

太阳　月亮　低潮　高潮　低潮　高潮

大潮
当太阳和月亮在一条线上时，强烈的引力造成了地球上的高潮。

太阳　低潮　高潮　低潮　高潮　月亮

小潮
当太阳、月亮和地球处于三角形位置时，引力被部分抵消，造成了小潮。

海滩 ⟷ 水边低沙丘

沙滩地带

在暴风雨中，水边低沙丘中近水边的很多沙砾会流失。暴风雨结束后，风浪扫过沙滩，再次重建了水边低沙丘。

次级沙丘的植物能够捕获沙粒，稳固其前面的沙丘。海边森林中通常有抗盐植物。

蛤蜊

蛤蜊有着铰链式的壳，能很好地保护其柔软的身体。它只有一只足，这只足能在湿沙里挖洞。它的稻草状的虹吸管能够将海水中的食物颗粒过滤出来。

角眼沙蟹

这种蟹白天在高水位区挖洞捕捉食物，晚上吃食。它的体腔收集来自潮湿沙子中的水，并通过鳃把水排出体外。

片脚类动物

这些微小的虾家族的亲戚们只有人的指甲盖大小，它们所有的成员都生活在水环境中，且大多都在水边寻找食物。

蛎鹬科的鸟

在世界各地都发现了这种鸟的踪迹。它们通常游走在海边或石潭边上，以海滩蠕虫和贝类为食。对于贝类，它们先用修长的喙撬开壳，然后再吃壳内的肉。

次级沙丘

海边森林

沙砾海滩

海滩主要由岩石、鹅卵石、泥或沙子组成。沙是不同物质组成的颗粒，颜色从白色（珊瑚颗粒）到黑色（熔岩的微小颗粒）。不像峭壁会随着时间的流逝而被海水不断磨损侵蚀，海滩在遭到海水冲击后可以自我修复。海滩上除了螃蟹和海鸟外极少有其他生命，当然海滩地下也躲藏着蠕虫、蛤蜊等动物。

巨藻林

在许多岩石构筑的海岸线边的浅滩，长着大片如重楼高阁般的巨藻（一种巨型的海带）林。巨藻林遍布世界各地，从极地地区到热带地区。由这些巨藻构成的富饶水生环境成了很多海洋生物的家园。有些生物以啃食巨藻为生，而另一些则捕食巨藻林中数以百万计的浮游生物，较大的海洋动物则猎食生活在这里的鱼类。

巨藻林中的食物链

成百上千的海洋生物以巨藻林为食物来源和生存的避难所。因此，巨藻林对海洋环境十分重要。

1 巨藻吸收阳光进行光合作用以维持自身的生长。

2 海蜗牛可以蚕食巨藻。

3 龙虾以海蜗牛为食。

4 鲨鱼吃龙虾。

5 鲨鱼死后，蟹又以鲨鱼的尸体为食。

海胆

这些行动缓慢的海洋生物主要以巨藻林中的藻类为生。它们身体外部长着尖锐的刺，这些刺可以保护它们免受天敌的侵害。可是紫海胆还是逃脱不了海獭的魔掌，它是海獭最喜欢的食物。

加州海狮

海狮主要以鱿鱼和生长在巨藻林中的鱼类为食物。它在水下能够屏住呼吸达15分钟。一些海狮为了捕捉鲑鱼能够逆流而游320千米。

海獭

这种极小的海洋哺乳动物曾经几乎被猎杀至灭绝，因为它有一身厚重、柔软的皮毛。海獭能用岩石砸开贝类和海胆的壳，然后吃里面柔软的身体。这在海洋哺乳动物中是相当罕见的。

海星

在世界各大洋中，约有2 000种海星。它们中大部分有5条腿，但也有一些有6条腿。更为神奇的是，如果它们在与天敌战斗中丢失1条腿，还能长出新的腿。

高欢雀鲷鱼

这种鲜亮橙红的鱼主要住在巨藻林中，并且靠藻类来养活下一代。由于色彩迷人，它正成为许多人饲养的观赏鱼类。

虎鲸

虎鲸，也叫杀手鲸，它能长到8米长，处于海洋食物链的顶端。它们追捕海豹、海獭和生活在巨藻林中的鱼类，甚至还攻击鲨鱼和其他种类的鲸鱼。

巨藻林

巨藻是一种植物，所以它需要阳光。它可以一天生长 50 厘米。一些巨藻植物能长到 13 层大楼那么高。

岩石海滩

海岸岩石长期在猛烈的海浪冲击下，形成了不同的地貌特征。在一些地方，形成了奇特而壮观的岩层，如规模庞大的峭壁和洞穴、岩石拱门、海蚀柱和喷水孔等。有时，侵蚀只是小规模发生，例如只是加大岩石裂缝，形成一个个的小洞，这些小洞成了海鸟的理想筑巢地。岩石海岸的环境是很严酷的，生命要在那里存活非常艰难。只有最顽强的植物和动物才能在那里生存。大多数生物都去寻找那些能够保护它们免受狂风和长久盐雾侵害的庇护所。

海鸥
它们聚集成嘈杂的一大群，在地面筑巢。

海岸线边缘的生物

岩石海岸线是数以千计的海鸟的家园。有些海鸟筑巢在悬崖上，另外一些借助长满草的海岬筑巢。信天翁和其他一些海鸟一年只上岸一次繁殖后代。

簇绒海雀
这些鸟类凭借其强硬的喙来挖掘洞穴筑巢。

喷水孔

汹涌的波涛冲向海洋山洞的洞口，海水穿过洞顶射向天空，比如夏威夷的一处喷水孔的场景就十分壮观。

灯塔

用来引导船舶航行或指示危险区。管理灯塔的人要一直让灯塔的灯亮着。但现在灯塔一般都由机器自动控制，不再是手动的了。

风化

不同形式的水，如雨、冰、海浪等，对岩石进行了物理和化学的塑造，使之形成了一些稀奇古怪的面貌。

岩石潭

寄生蟹

在涨潮时，海水灌满并淹没了这些在岩石海岸上的岩石潭，退潮后，它们又暴露出来。岩石潭是观察海洋生物的好地方。小鱼和螃蟹藏在海藻下面，海星、海葵、贻贝、牡蛎攀附在岩石壁上。偶尔，还可能潜伏着一个小章鱼，特别要提防的是蓝环章鱼，这种 18 厘米大小的章鱼可是世界上毒性最大的生物之一，它体内大量的毒素足以在几分钟内毒死 26 个成年人。

贻贝的生长周期

贻贝的生活史最初始于微小的幼虫。这些幼虫在最初的几周内能在水中自由自在地游动，然后才附着在潮间地带的岩石或码头桥塔上。它们通常长着一副铰链式的外壳，外壳上装饰着精细的螺纹。它们用稻草般的虹吸管吸取海水，然后过滤出微小的海洋生物来尽情享用。

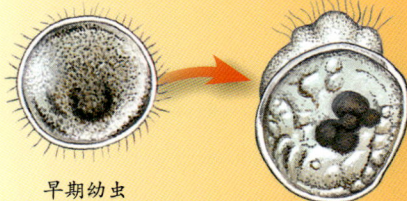

早期幼虫

成熟幼虫

成年贻贝

海星体内

海星的管足能把水压入或泵出体内。由于其管足内存在着水压，故其管足能弯曲以帮助海星向前移动。许多海星都有一个特殊的胃，这个胃能被推出体外，包围和消化猎物，然后将胃收回缩进身体。

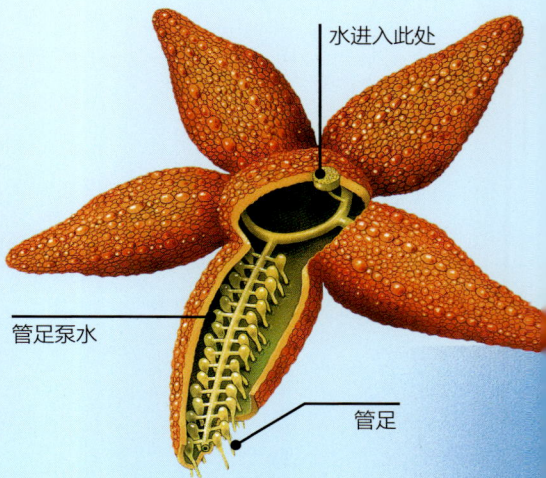

水进入此处

管足泵水

管足

海藻

章鱼

贻贝

海星

海葵

螃蟹

潮涨潮落的岩石潭

在潮涨潮落的岩石潭中，水温、盐度和氧气的含量都在不断变化。在涨潮时，汹涌巨大的海浪袭来，淹没了整个岩石潭。

飞溅区

在这一区域浪花飞溅，但并未被潮水覆盖。蓝藻通常攀附在这里的岩石上。

潮下带

此区域只有在潮非常低的时候才暴露出来，所以通常适合黑藻和红藻生存。

潮间带

在涨潮和落潮之间的地带，这里适合浅绿色的海藻生存。

岩石潭

岩石海岸线

岩石海岸线的区域适合不同的藻类生存。岩石潭中拥有最多的水生生物种类。

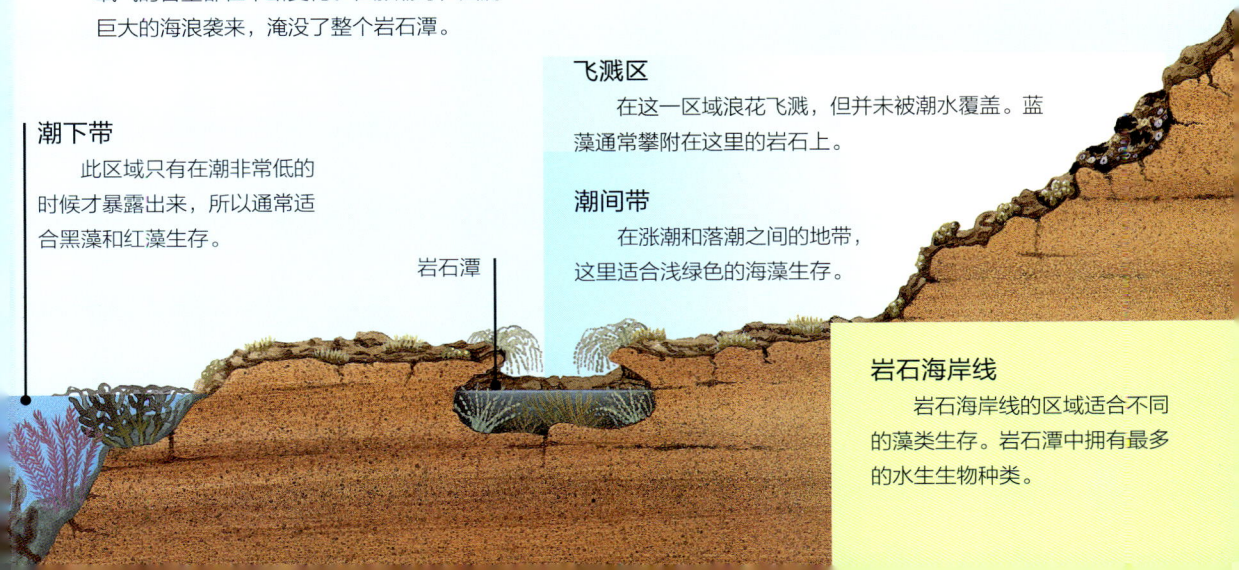

入海口

入海口是河流淡水和大海的潮汐咸水之间的交汇处。河水带着泥土到了河流的下游并混有潮汐洗刷岩石后的沙砾。由这些泥沙堆积出来的肥沃地区，称为三角洲。三角洲上长着大片的红树林，它们的根为海洋动物的生息繁衍提供了庇护的温床，同时红树林还吸引众多的水鸟来此捕捉食物。人们也喜欢在入海口捕鱼，因为这里捕鱼更容易。

入海口的生物

红树林保护了入海口的水体，为鱼和其他海洋生物提供了一个良好的生息繁衍地。

反嘴鹬

这种鸟用其长而卷曲的喙，在水中啄取虫虾，筛掉泥沙。

大白鹭

白鹭用其长而尖的喙猎取鱼、虾，甚至小爬虫。

跳鱼

小跳鱼以虾和小鱼为食。

青蟹

雌青蟹在安全的水域产下数以万计的卵。

典型的河口
　　淡水和河流水带来的泥土混着咸水及咸水中的沙砾，构建了具有保护作用的河口。

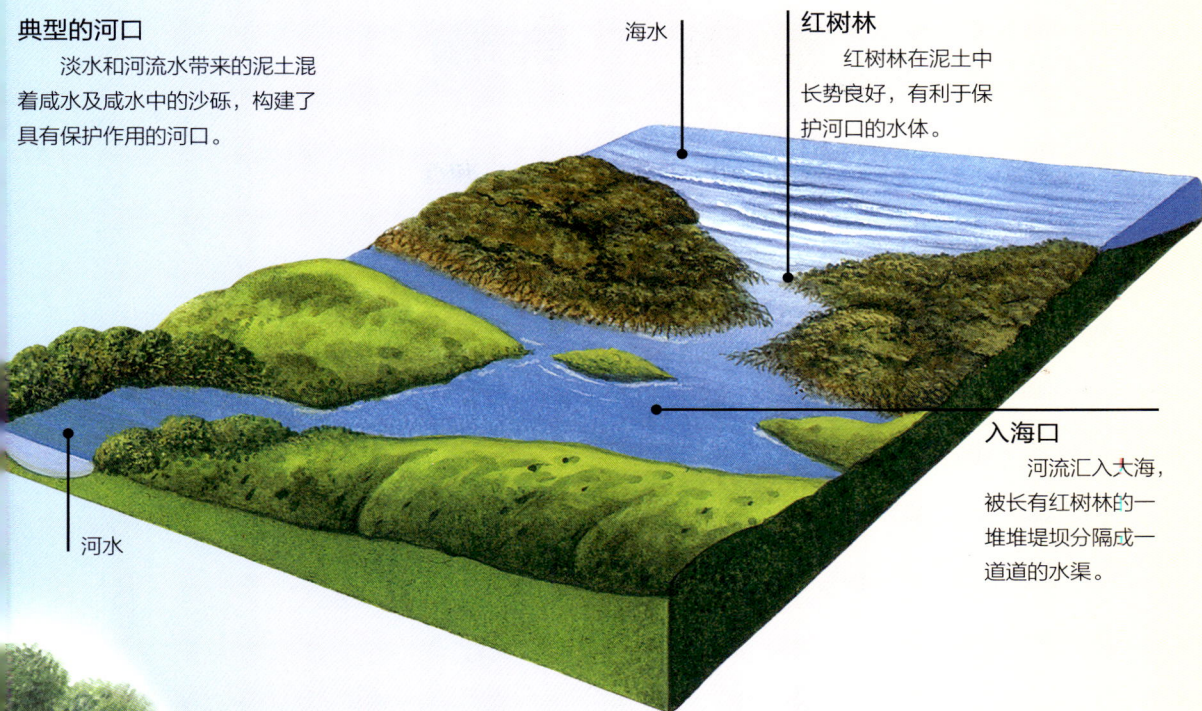

海水

红树林
　　红树林在泥土中长势良好，有利于保护河口的水体。

河水

入海口
　　河流汇入大海，被长有红树林的一堆堆堤坝分隔成一道道的水渠。

玉虾
　　这种水生动物喜欢在泥土中打洞。

入海口泥土中的生物

　　在入海口泥土中生活着很多海洋生物群落。泥螺和玉螺通常附着在泥土表面。其他生物钻入泥土中搜寻食物。筐贝则喜欢钻到泥土中别的有壳居民的壳内获取食物。

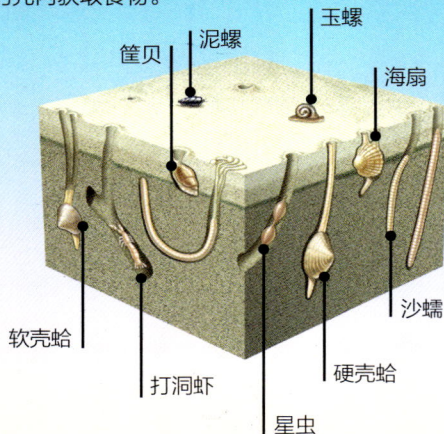

筐贝　泥螺

玉螺

海扇

软壳蛤

打洞虾

星虫

硬壳蛤

沙蠕

大多数珊瑚礁都位于温暖的热带水域的浅水区，当然也有极少珊瑚礁能在寒冷水域或深水区被找到。

北冰洋

亚洲

欧洲

北美洲　北大西洋

北太平洋

北太平洋

非洲

南美洲

印度洋

大洋洲

南太平洋　南大西洋

南冰洋

南极洲

注释

- 暖洋
- 深水区珊瑚礁
- 暖水区珊瑚礁

珊瑚礁

扇柳珊瑚

每个扇柳珊瑚礁的茎部都覆盖着众多的珊瑚虫。

珊瑚礁是一个巨大的、鲜活的生态系统，它为数目繁多、五彩斑斓的鱼类和其他海洋动物提供了温暖、安全的家园。珊瑚礁是由数以百万计的、一种叫做珊瑚虫的简单动物千百年来堆积形成的。珊瑚虫具有柔软、中空的身体和一张由带刺触角环抱的嘴。它们在成长过程中能不断分泌出石灰质物质（碳酸钙），这些石灰质物质是它们从海水中收集的。数以百万计的珊瑚产生的石灰质物质黏合在一起，经过以后的压实、石化，便形成了美丽的珊瑚礁。

气泡珊瑚

这类珊瑚白天能吐出白色的泡沫以收集太阳光。

珊瑚群落

珊瑚礁美丽但很脆弱。上面生活着众多软的或硬的珊瑚、鱼、海星、软体动物、海绵等。不幸的是，每年都有大面积的珊瑚礁因人类活动而遭到破坏。

珊瑚虫的体内结构

珊瑚虫用刺状的触须捕获食物。在它的体内还有一种极小的单细胞植物，称为虫黄藻，这种藻类能进行光合作用，并为珊瑚虫提供食物。

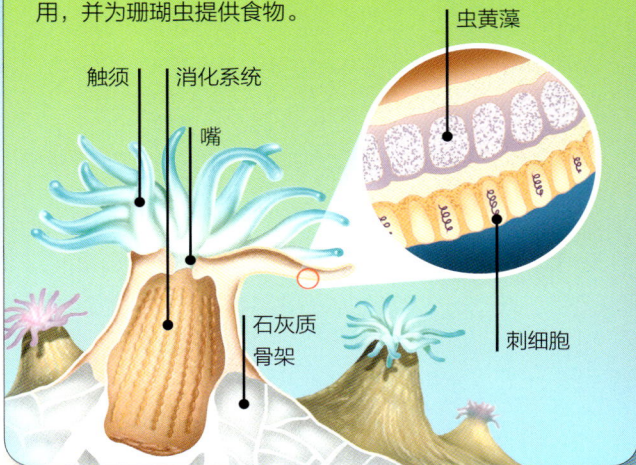

虫黄藻

触须　消化系统

嘴

刺细胞

石灰质骨架

太阳珊瑚
它们喜欢黑暗的地方、线形裂缝和洞穴口。

珊瑚礁上的鱼
在珊瑚礁上生活着1 500~2 000种鱼类。

海葵珊瑚
它们的刺触须是小丑鱼最喜爱的家。

涉禽

崎岖的海岸线、泥泞的入海口、热带环礁、盐碱沼泽、湿地和沙质或鹅卵石海滩等等，所有这一切对涉禽来说都有着极大的吸引力。因为在这些地方，能够找到充足的食物，而且气候比海上更为温润舒适，是筑巢和生息繁殖的理想地。不同的鸟类对环境有不同的偏好，每个鸟窝都是一个精心设计的杰作，颇具伪装性，对新生儿具有良好的保护作用。

普通海鸠
（海鸦）

大西洋海鹦

这种鸟能到遥远的北大西洋猎取鱼类，然后用喙衔着猎物带回家喂养儿女。

涉禽的栖息地

世界上很多沿海涉禽的栖息地都受到了来自人类的威胁。

海鸠

海鸠飞行速度非常快，有时掠过海平面，或在海里游泳，或成群结队在近岸水域嬉戏。

黑海鸠

猛鹱

灰斑

反嘴鹬

北方鲣鸟

鸬鹚

白腰杓鹬

白额燕鸥

环嘴鸥

这种鸟有黄色的喙，喙上有一个黑色的环。它的巢是用一团乱草填筑而成的。

北极燕鸥

这种鸟体型较小，每年都要在北极和南极之间往返迁移，总路程达71300千米。

反嘴鹬

这种鸟生活在入海口和湿地。它们喜欢成群结队地把巢筑在地面上。

海鸥

至少有45种不同的海鸥在海滨取食。它们专门以腐烂的动植物残体为食。

黄脚银鸥

海鸥

幼年银鸥

银鸥

乌燕鸥

乌燕鸥已发明出一种独特的方式来防止自己的卵因为干燥而裂开，以保证雏鸟在蛋壳内顺利地成长。

3.把水洒在蛋上。

2.弄湿自己的巢。

1.掠过海浪，弄湿肚皮。

潜水捕鱼

1.海鹅开始深度潜水。

当看到一群凤尾鱼或沙丁鱼时，海鹅能够从 30 米高处以每小时 97 千米的速度迅速冲到水下。它的皮肤下面有一种特别的气囊，这种气囊能够缓冲高速运动和海水带来的阻力。海鹅潜到水中，追击鱼群，放开肚皮大吃一顿。

2.它把自己的翅膀折叠成箭头状。

3.气囊可以缓冲高速运动和海水带来的阻力。

海龟

海龟在陆地上爬行非常缓慢，但在水中游动神速。但它们必须浮到水面呼吸，所以很容易被鲨鱼逮到。

海岸线生物

沿 海岸线的浅水水域是为数众多的海洋生物的家园。这是因为阳光可以穿透这里的水域，使海藻和海带等绿色植物进行光合作用，为其他生物提供食物。它们是整个海洋食物链的基础。有一类被称为浮游生物的微小海洋生物在温暖的、阳光明媚的水域蓬勃生长，这类浮游生物主要以海藻为食。鱼类及甲壳类以浮游生物和藻类为食。大型生物，如海龟和鳐鱼，吃较小的鱼类和植物。在食物链的顶端，永远都有鲨鱼。

非洲红棘海星

这是印度洋里产的海星，幼年时期主要以藻类为食。但是当它成年后，能吃从珊瑚到甲壳类动物等一切能吃到的生物。

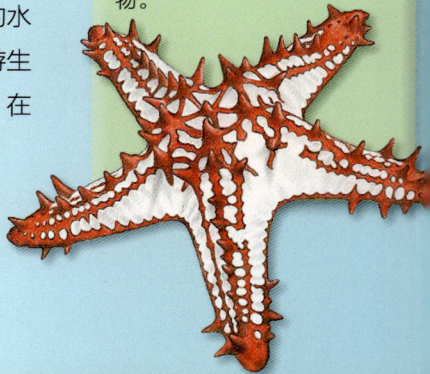

紫岩蟹

　　这种蟹体长约5厘米，通常隐藏在潮间带的岩石下面。它主要吃藻类和动物尸体。

寄居蟹

　　此蟹常借用海蜗牛的空壳，所以它看起来比自身的实体更大。

夏威夷蓑鲉

　　这种鱼体型较小，晚上以甲壳类和鱼类为食。它看上去小巧可爱，但它的刺有剧毒。

珊瑚白化

当珊瑚因为海水温度升高或其他原因而遭受巨大压力时，生活在珊瑚虫体内，并为之提供食物来源的虫黄藻便会死亡殆尽，珊瑚会因此失去美丽的颜色。这就是珊瑚的白化现象。

棘冠星鱼

棘冠星鱼以珊瑚为食。当只有少数星鱼捕食时，珊瑚能够再生，但当星鱼的数量大爆发时，珊瑚便措手不及，无法再生了。科学家认为，星鱼的暴发是由于水污染和过度捕捞星鱼的天敌，如曲纹唇鱼等造成的。

石油污染

科学家们估计，每年约26.73亿升的石油泄漏进入海洋。一半以上的油来自暴雨冲断的输油管道或工业的废油排放。石油产业的建立破坏了沿海的鸟类和海洋生物的正常生活。

海平面上升

全球气候变暖导致了海平面的不断上升。这是因为热水比冷水占用更多的空间，从而使海平面上升。在过去的100年中，海平面上升了约20厘米。这导致了沿海更多的暴风潮、洪水泛滥和海水侵蚀等。

海滩污染

塑料包装袋、瓶子、废渔具以及其他垃圾不仅会杀害很多野生动物，而且还破坏海滩环境。因此，合理恰当地处置垃圾有助于保持沙滩清洁。

面临的威胁

世界的海洋和海岸线正面临着因人类活动而引起的威胁。许多海洋区域中的鱼类被人们用带有巨大渔网的机械船过度捕捞。从海上油井和油轮上溢出的油给野生动物和环境造成了很多破坏性的影响。科学家还认为，由于全球气候变暖，海平面和海水温度正在不断上升。

海洋档案

本书揭开了很多有趣的、非同寻常的，甚至令人费解的海洋生物的神秘面纱。当然也探索了一些蔚为壮观的岩层形成过程和一些海洋生物的栖息地，包括峭壁、湿地等。下一次当你到海边时，请睁大眼睛观察所有的海滨奇迹吧！

黑沙滩

不同类型的海滩

沙滩是由被海浪击碎的岩石形成的一颗颗的沙粒组成的，所以沙滩的颜色其实是原来岩石的颜色。如果岩石是黑色的火山玄武岩，那么海滩就是黑沙滩。白或粉红色的沙滩由珊瑚的颗粒形成。

灰沙滩

白沙滩

褐鹈鹕

鹈鹕

这种鸟的喙，其下部可容纳多达11升的水，这是它胃容量的2~3倍。

银鸥

为什么海鸥只用一条腿站着呢？

单腿站立通常是大多数水鸟包括海鸥的休息方式。它们把另一条腿塞到翅膀下面以保暖。在寒冷的时候，它们还把头也藏到翅膀下面，这样可以减少体内的热量散失。

厚嘴海鸦

这种鸟类通常一次下一个蛋，并让蛋裸露在海岸的岩石边。大多数鸟的蛋是椭圆形的，但有意思的是，大厚嘴海鸦的蛋是梨形的，所以它只会原地打滚，而不会滚下山崖。

下蛋的海鸦

梨形蛋

海葵

这种动物有带刺的触须，它通过自我分裂的方式来繁殖。每个一半会成为一个新的个体。有些鱼丝毫不怕它们触须上的刺，反而把自己的家安在这些触须之间，这样还可以躲避天敌，非常安全。

搁浅

当 80 头领航鲸在新西兰北部地区的海滩搁浅时，当地居民试图让它们再度浮起。让人庆幸的是，一群海豚因为捕鱼也到了浅水区。海豚们自告奋勇，在鲸的身旁游动，指引它们回到大海，最终拯救了 76 头鲸鱼。

宽吻海豚

海鞘群

海鞘

海鞘常被误认为是一种植物。实际上，它是一种动物，早在 5~6 亿年前，它就已经生活在地球上了。为了获得食物，一个体长 2.5 厘米的海鞘每小时要过滤约 1 升的海水。这有助于保持珊瑚礁附近的水域清洁。

做一个海洋生物学家

当你下次游览有湖、河或海的旅游胜地时，请带上这本书。仔细看看周围的环境，并把你看见、而且本书已经提到过的一切东西记录下来。尽可能多拍一些照片。还可以记录一些本书没有提到的、其他有趣的东西，并在互联网查找，看看你对它们的描述是否正确。

这里有一些问题供你思索：

1 这是什么？

2 我在哪里发现的？

3 我什么时候发现的？

4 当时它正在干什么？

5 在我的研究当中，还有哪些有趣的信息我没有发现？

知识拓展

片脚类动物 (amphipod)

一种体型较小，类似虾的海洋动物。

障壁岛 (barrier island)

平行于海岸的狭长沙带。

喷水孔 (blowhole)

由海浪的长期作用把海蚀洞的顶部打穿形成，能喷出大量的水。

甲壳类动物 (crustacean)

没有骨骼，却具有坚硬的壳的海洋动物，比如虾和蟹等。

水边低沙丘 (foredunes)

紧邻海滩的沙丘。

泻湖 (lagoon)

由沙坝或珊瑚礁坝同海洋分隔开的海滨浅海湾。

软体动物类 (mollusks)

带有坚硬的壳和柔软身体的动物，比如牡蛎、贻贝。

小潮 (neap tide)

在弦月时期发生的介于高潮和低潮之间的海潮。

光合作用 (photosynthesis)

绿色植物利用二氧化碳和阳光合成能量的过程。

浮游生物 (plankton)

漂在湖泊或海洋中的微小植物或动物。

三角洲 (river delta)

在河流的入海口形成的土地。

海蚀柱 (sea stacks)

坐落在海洋中，远离海岸的小而垂直的孤岛。

海峡 (spit)

一端连着大陆的狭长土地。

大潮 (spring tide)

发生在满月或新月时期的介于高潮和低潮之间的海潮。

风暴潮 (storm surge)

由于恶劣天气引起的海面上升。

沙颈岬 (tombolo)

连接大陆和小岛之间的狭长沙带。

虫黄藻 (zooxanthellae)

共生在珊瑚虫体内的微小植物，它能为珊瑚虫提供部分食物来源。

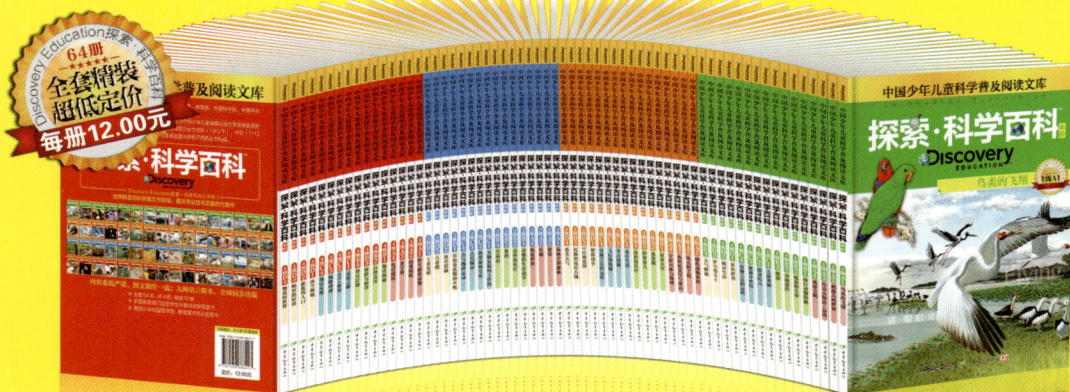

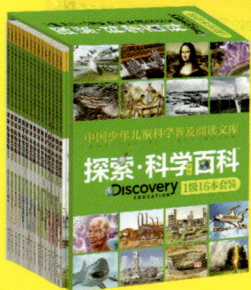